油气田地面建设
标准化施工技术手册

施工管理程序和工程资料管理

中国石油勘探与生产分公司 编

石油工业出版社

内容提要

本书为《油气田地面建设标准化施工技术手册》的第一分册，主要阐述了施工管理需要履行的程序及各环节的管理要求。包括：开工管理、过程施工管理、试运及投产管理、工程保修、工程资料管理等内容，有助于在油气田地面建设中做到施工行为的程序化、标准化、规范化，通过施工过程的标准化实现施工结果的标准化。

本书适合油气田地面建设施工单位、建设单位、监理单位的施工人员、监督人员和项目管理人员阅读。

图书在版编目（CIP）数据

施工管理程序和工程资料管理/中国石油勘探与生产分公司编.—北京：石油工业出版社，2017.1

（油气田地面建设标准化施工技术手册）

ISBN 978-7-5183-1551-2

Ⅰ.施…

Ⅱ.中…

Ⅲ.①建筑工程-施工管理-管理程序-技术手册
②建筑工程-技术档案-档案管理-技术手册

Ⅳ.①TU71-62②G275.3-62

中国版本图书馆 CIP 数据核字（2016）第 262842 号

出版发行：石油工业出版社
　　　　　（北京安定门外安华里2区1号楼　100011）
　　　　　网　　址：www.petropub.com
　　　　　编辑部：（010）64523562
　　　　　图书营销中心：（010）64523633
经　　销：全国新华书店
印　　刷：北京九州迅驰传媒文化有限公司

2017年1月第1版　2023年7月第4次印刷
850×1168毫米　开本：1/32　印张：2.5
字数：60千字

定价：30.00元
（如出现印装质量问题，我社图书营销中心负责调换）
版权所有，翻印必究

《油气田地面建设标准化施工技术手册》编委会

主　任：汤　林　　庞铁力
副主任：胡玉涛　　李化钊
委　员：何守伟　　苗新康　　崔新村　　姜立伟
　　　　袁　军　　曾繁军　　张振杰　　黄海威

主　编：胡玉涛　　苗新康
副主编：何守伟　　崔新村　　方西盛
成　员：张松石　　吕　宾　　孙百通　　张宏志
　　　　叶喜太　　王忠哲　　沈丽军　　姜远大
　　　　王鹏昊　　王胜利　　刘文彦　　闫雪峰
　　　　李天彬

《施工管理程序和工程资料管理》
编 写 组

组　长：孙百通
副组长：王鹏昊　孙　猛
成　员：朴吉秀　徐仲男　李贵鑫　张　亮

前言 | Preface

标准化施工通过规范施工管理和操作行为，提高了施工作业的质量与效率，提高了油气田地面建设管理水平，提升了施工企业形象及核心竞争力，是油气田地面建设项目管理发展的必然方向之一。

《油气田地面建设标准化施工技术手册》丛书以现行国家、行业法律法规、标准规范及中国石油集团（股份）公司各项相关规定为依据，以施工管理与现场操作为对象，总结固化成熟的施工经验及施工做法，形成相对规范、统一的施工操作标准及管理模式，使施工过程的每一个环节都有章可循，每一项施工操作都有标准可依，做到了施工行为的程序化、标准化、规范化，最大限度地减少人为因素影响、消除不良施工行为，通过施工过程的标准化实现施工结果的标准化。

本套丛书共五个分册。第一分册《施工管理程序和工程资料管理》，主要阐述了施工管理需履行的程序及各环节的管理要求。第二分册《安全文明施工管理》，主要阐述了安全文明施工标准化管理要求。第三至第五分册分别是《管道和设备安装工程》、《建筑和油气田道路工程》、《电气和仪表安装工程》，主要阐述了管道及设备安装、建筑和油气田道路等5个主要专业工程的施工标准化要求。

对每一专业，以分部分项工程为单元，按照"适用范围、施工工艺流程、施工要点、关键控制点、质量验收标准"五个环节分别进行详细阐述。本套丛书便于工程项目管理者、现场操作者较好地把握管控油气田地面建设项目施工重点及关键操作环节，实用性强，可指导施工单位、建设单位、监理单位实施和完善标准化施工，可作为项目管理及操作人员的参考书籍，也可用作培训教材。

本套丛书设立了丛书编委会和分册编写组。丛书编委会包括主任、副主任、委员及主编、副主编、成员，主要负责丛书立项审查、统筹安排、统稿、协调审查等。分册编写组包括组长、副组长、成员，主要负责分册的收集资料、编写修改等。

本套丛书由中国石油勘探与生产分公司组织编审，并得到了大庆油田有限责任公司的大力支持、付出了艰辛劳动。其间，中国石油勘探与生产分公司组织相关油气田企业的基建管理、工程质量监督、工程监理、工程施工等多部门、对口专业的特邀专家，数次参加审稿、修订工作，在此一并表示感谢。由于编者自身水平有限，书中难免有疏漏和不够准确之处，敬请专家、同仁和广大读者给予批评指正。

编委会
2016 年 10 月

目录 Contents

第一章 标准化施工管理程序 …………………………………… (1)
第一节 标准化施工管理阶段划分 ……………………………… (1)
第二节 开工管理 ………………………………………………… (3)
 一、组建项目经理部 …………………………………………… (3)
 二、勘察现场 …………………………………………………… (8)
 三、设计交底和图纸会审 ……………………………………… (8)
 四、编制策划性文件 …………………………………………… (9)
 五、开工条件准备 ……………………………………………… (13)
 六、开工报审 …………………………………………………… (18)
第三节 过程施工管理 …………………………………………… (19)
 一、过程施工准备 ……………………………………………… (19)
 二、实体施工 …………………………………………………… (22)
第四节 试运及投产管理 ………………………………………… (39)
 一、单机试车 …………………………………………………… (39)
 二、系统调试 …………………………………………………… (40)
 三、完工交接 …………………………………………………… (40)
 四、试运行投产 ………………………………………………… (41)
 五、投产保运 …………………………………………………… (41)
 六、竣工报审 …………………………………………………… (42)
 七、工程结算报审 ……………………………………………… (42)
 八、资料归档 …………………………………………………… (42)

九、配合专项验收与竣工验收 …………………………（43）
　第五节　工程保修 ……………………………………………（43）
第二章　工程资料管理 ………………………………………（44）
　第一节　一般规定 ……………………………………………（44）
　　一、基本要求 …………………………………………………（44）
　　二、职责 ………………………………………………………（47）
　第二节　工作程序和要求 ……………………………………（48）
　　一、制订资料管理工作规划 …………………………………（48）
　　二、资料管理工作准备 ………………………………………（60）
　　三、工程资料管理工作实施 …………………………………（60）
　　四、资料管理工作的监督检查 ………………………………（67）
　　五、资料管理的收尾 …………………………………………（68）
法律法规、参考文献及相关规定 ……………………………（69）

第一章　标准化施工管理程序

为保证建设工程项目顺利进行，有关法律、法规、标准和规范等文件对项目建设关键过程提出了明确要求，许多施工单位结合自身经验，在此基础上又分别进一步细化，制订了自己的施工管理程序，但由于地区、行业和建设单位要求等方面存在差异，这些程序彼此不尽相同，施工单位的管理水平亦参差不齐。

油气田地面工程建设在油气开发过程中的地位十分重要，经过多年的摸索总结，其过程管理要点、主要施工工艺等已具有较高的普适性，在石油行业中，不会因为地区差异或建设单位管理风格差异等因素而出现较大变化，因此，为提高油气田地面建设工程项目的施工管理水平，我们以符合国家法律、法规、施工规范及中国石油天然气集团公司（中国石油天然气股份有限公司，以下简称集团公司或股份公司）各项管理规定为基本要求，系统梳理、科学总结多年以来各油气田地面建设施工管理经验和做法，最终固化形成了一套规范统一、相对稳定的施工管理和技术体系，主要内容包括施工程序和工作规范、作业流程、施工工艺和技术保证措施等，统称标准化施工，有时也叫标准化施工管理、标准化施工技术。

第一节　标准化施工管理阶段划分

油气田地面建设工程施工管理工作划分为4个主要阶段：开工管理、过程施工管理、试运及投产管理、工程保修。

施工管理程序和工程资料管理

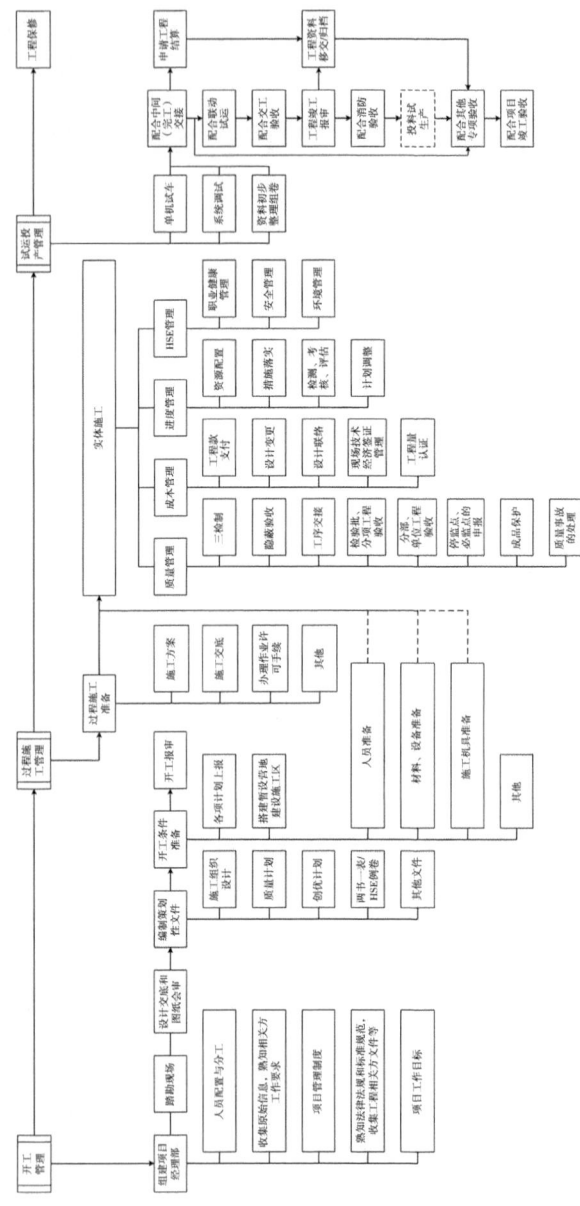

图 1-1 油气田地面建设工程标准化施工流程

开工管理的主要工作内容是组建项目经理部，完成工作策划和其他准备，达到开工条件。

过程施工管理的主要工作内容是完成工程各个单元（以工程划分为准）的施工准备，按照总体工作策划和施工准备的要求施工，形成工程实体，对工程实体的形成过程及质量、成本、进度、HSE等各项指标实施全面控制。

试运及投产管理的主要工作内容是对工程项目使用功能的检验，包括单机调试、系统调试、联动试运（如有委托时）、配合投料试车、配合投产和参与竣工验收等。

工程保修的主要工作内容是保修和质量缺陷的责任界定。

图1-1为油气田地面建设工程标准化施工流程。

第二节　开工管理

一、组建项目经理部

施工单位应按照施工合同规定，派驻项目经理，组建项目经理部，项目经理部应遵守国家、地方、行业的相关规定，严格履行施工合同。

项目经理部应建立现场质量责任制，按照合同约定，配备满足工程需要的管理人员、标准规范、施工机具、设施、检测仪器、设备等。未经建设单位同意，承包商不得随意更换合同中约定的关键岗位不可替换人员，不得随意减少承诺的其他资源投入。

项目经理部应接受建设单位、监理单位对己方资源投入和现场工程质量保证体系建立情况的监督检查。

项目经理部应采用先进的技术和科学的方法，充分调查分析项目风险因素，制定施工规划，实施或落实必要的临时措施，统筹安排质量、进度、HSE、成本等管理工作，监控施工过程，收集、记录、处理各项信息,保证施工过程符合法律法规要求并处于受控状态,以顺利实现项目建设目标。

1. 主要人员配置及分工

(1) 施工企业应下达项目经理部成立文件,明确其主要职责及授权范围,明确岗位设置及人员构成,报建设单位及监理单位备案,关键岗位人员如需更换,须书面报建设单位并征得同意后方可实施。更换的人员资质及业务水平不得低于原有人员。

相关文件:

①项目经理部授权文件。

②项目经理任命文件。

③项目经理部岗位设置组织机构图。

④项目经理部各岗位工作职责。

⑤项目经理部管理人员名册及分工说明。

⑥项目经理部管理人员资质证书及履历表等相关文件。

⑦项目经理部管理人员报审表。

(2) 项目经理应由本企业取得相应建造师执业资格证书的人员担任,且与投标文件中保持一致,施工期间如需更换项目经理,应书面报建设单位,征得同意后方可更换,否则应承担违约责任。更换的项目经理注册专业应符合投标文件或施工合同等要求,资格等级不得低于投标文件或施工合同规定,且与工程规模相适应。

相关文件:

①更换项目经理的申请文件。

②新项目经理的任命文件。

③新项目经理执业资格证书。

(3) 项目经理应按照招标文件、投标文件、施工合同等规定,结合项目规模、难易程度、工程进展等因素及时组织项目经理部成员到岗。

相关文件：项目经理部管理人员考勤表。

（4）项目经理部管理人员数量及岗位设置应满足工程施工需求，不可替换人员配置应符合招、投标文件规定，有资格要求的应符合建设管理部门的规定。

（5）分包单位的组织机构和人员配置应符合上述要求。

2. 项目管理制度

（1）项目经理部所属的施工企业应根据经营范围和管理模式，制订本企业的油气田地面建设工程项目施工管理工作制度。

（2）项目启动后，项目经理部应根据工程特点和企业相关规定，建立健全项目管理制度，用来指导项目生产运行工作。

（3）需要项目经理部制订的工作制度，应经过所属施工企业审批后，方可执行。

（4）项目管理工作制度内容应包括工作职责、工作程序、工作要求、考核办法等，企业要求本企业成员共同遵守的办事规程或行动准则都属于制度范畴，例如工作制度、管理办法、规定、工作指南、工作要求等。

（5）施工企业应就范围管理、质量管理、成本管理、进度管理、HSE管理、人力资源管理、沟通管理、风险管理、采购管理等方面的工作制订工作制度，具体目录可参考以下内容：

①项目经理部岗位设置及人员管理制度或办法。

②项目工作目标确定及分解办法。

③项目原始信息采集制度或办法。

④现场踏勘工作要求。

⑤图纸审查工作要求。

⑥文件资料管理制度。

⑦施工组织设计（方案）编制与审批办法。

⑧工程划分办法。

⑨分包商管理办法。

⑩控制测量与放样测量管理办法。

⑪施工暂设营地和施工区搭建及管理办法。
⑫人员入场培训管理办法。
⑬材料设备管理办法。
⑭施工机具管理办法。
⑮关键工作（工序）报审报验管理办法。
⑯安全技术交底工作制度。
⑰工程质量三检制度。
⑱项目质量管理办法。
⑲项目进度管理办法。
⑳项目成本控制办法。
㉑项目 HSE 管理办法。
㉒工程信息管理办法。
㉓投产验收阶段工作要求。
㉔工程资料管理办法。
㉕工程结算管理办法。
㉖工程保修制度。

相关文件：项目管理工作制度。

3. 项目原始信息整理

1）原始信息的收集

（1）项目经理部成员进入岗位后，应在第一时间收集、共享和熟知项目原始信息，做好进一步开展工作的准备。

（2）项目原始信息主要来源于建设单位。

（3）项目原始信息包括（但不限于）以下内容：招投标文件、施工合同、勘察设计文件、各种相关的会议纪要、批示文件等。

相关文件：

①招标文件。
②投标文件。
③施工合同。

④勘察文件。
⑤设计文件。
⑥图纸收发记录。
⑦相关会议纪要。
⑧相关工作批示文件。
⑨收发文登记表。

2）掌握相关方工作要求

项目经理部应积极与各相关方沟通，接受建设单位（监理单位）、质量安全监督单位的工作交底，了解相关方的工作要求。

项目所在油气田的基建主管部门对工程施工过程有专项要求的，应一并执行。

相关文件：

（1）建设单位交底记录。

（2）监理单位交底记录。

（3）质量安全监督单位交底记录。

（4）其他单位交底记录。

（5）会议纪要。

3）熟知相关文件

项目经理部应根据项目原始信息、工作目标，收集并熟悉与工程建设有关的文件，包括：

（1）法律法规。

（2）标准规范。

（3）作业规程。

（4）建设单位的项目管理手册。

（5）生产单位的作业许可规定。

（6）施工日志。

4. 项目工作目标

（1）项目经理部应通过整理原始信息，确定项目工作目标。

（2）项目工作目标应包括（但不限于）：质量目标、进度目标、成本目标、HSE目标。

（3）施工合同规定的其他工作目标也应列为项目工作目标，并按照上述分类列入总目标下的子项，没有对应类别总目标的，可单列。

相关文件：确定"项目工作目标"的文件，例如会议记录、会议纪要、施工日志、项目经理部发布的文件等。

二、勘察现场

项目经理部应组织有关人员踏勘施工现场，调查记录当地及周边的地质特点、水文气象条件和规律、民俗习惯、沿线资源、交通通信条件等影响施工的因素。

相关文件：

（1）交接桩记录。

（2）现场勘察记录（或施工日志）。很多需要记录下来的工作，没有标准的格式规定时，可采用施工日志记录，项目经理部也可自行编制出内部通用的格式。

三、设计交底和图纸会审

接到设计图纸后，项目经理部应组织审查施工图纸，初步了解设计意图，汇总可能影响施工的错碰缺漏等问题，必要时可提出优化方案。

工程开工前，项目经理部应参加建设单位组织的设计交底和图纸会审，设计单位就项目工艺技术特点、施工难点、特殊部位和关键环节的质量要求进行说明，明确施工质量验收规范。

施工、监理等单位应充分了解设计意图，结合现场施工技术条件，审查实现设计意图的可行性，对施工图设计文件中存在的疑问和问题与设计单位达成一致意见，形成图纸会审记录，会审记录中，设计单位变更性的答复意见需办理设计变更或者设计联络，证实性答复意见可不办理。

相关文件：
（1）图纸内部会审记录。
（2）设计交底会议纪要。
（3）图纸会审记录。

四、编制策划性文件

项目经理部应组织踏勘现场，了解施工环境，熟悉图纸，参加图纸会审和设计交底，了解建设相关方的要求，收集掌握工程建设的相关规定，掌握对工程建设有利或不利的因素，围绕如何实现工程目标进行工作策划，形成策划性文件，提高抵御风险的能力。

策划性文件有时也称作规划文件或计划文件。

施工策划性文件一般包括施工组织（总）设计、质量计划、施工方案、两书一表（HSE作业指导书、HSE作业计划书和HSE现场检查表）、采购计划、临时用地计划、培训计划等。

策划性文件应在相应工作实施前完成，并履行必要的内外部审批、备案等手续。

1. 施工组织设计（或方案）的编制与审批

（1）施工组织设计包括施工组织总设计、单位工程施工组织设计、分部工程施工组织设计和专项施工方案。

（2）施工组织总设计是以一个整体建设项目或群体工程、区块为编制对象，即对承建项目的建筑、安装及其他专业规划其组织施工全过程各项活动的指导性文件。

（3）单位工程施工组织设计是施工组织总设计的具体化，用来指导单位工程的施工准备和施工管理，它是以单位工程和一个交工系统工程为对象，依据施工组织总设计的总体部署编制，对于独立承建的单位工程必须编制单位工程施工组织设计。

（4）分部工程施工组织设计是对施工难度大、施工技术复杂的分部工程，在编制单位工程施工组织设计后，还应编制主要分部工程施工组织设计，用来指导各分部工程的施工，分部工程施工组织设计，突出作业性，即技术可行、操作与质量安全可靠。主要是施工方案、进度计划和施工措施设计。

（5）专项施工方案是以某些结构特殊、技术复杂、专业性强及存在重大安全危险源的分项工程或工序为对象，包括技术、质量与安全、成本与进度控制、文明施工、环境卫生及职业健康等方面。可跨单位工程编写，但是必须能起到指导施工、保障施工安全并包含达到预控目标所采取的应急预案等。

（6）项目开工前，项目经理部应根据工程规模，编制施工组织（总）设计，建立项目QHSE管理体系，明确施工目标和工作标准，明确组织机构和岗位职责，确定施工部署，确定施工方案，编制施工总进度计划、主要劳动力需求计划、主要材料需用量计划、施工机具计划，确定临建设施方案，编制施工暂设营地平面布置图、施工现场临时设施平面布置图等。

（7）开工前，应根据施工组织（总）设计的部署，编制施工现场临时用电方案，用电设备超过5台或用电功率超过50kW的，应编制临时用电施工组织设计。

（8）施工方案应在相应的项目实施前编审完成。

（9）施工组织设计和施工方案的内容应科学合理，具有可操作性。

（10）施工组织（总）设计（或方案）的内容、格式、审批手续等应符合施工资料管理标准的规定，且应符合下列要求：

①施工企业审核：

a. 施工组织总设计由企业技术部门组织项目经理部及参建施工单位（分包单位）技术、质量、安全等相关部门编制，企业安全、质量等部门专业技术人员审核，企业技术负责人批准。

b. 单位工程施工组织设计由项目经理部或参建施工单位

（分包单位）组织项目技术、安全、质量管理人员编制，企业技术、安全、质量等部门专业技术人员审核，企业技术负责人批准。

c. 分部工程施工组织设计由项目经理部或参建施工单位（分包单位）组织该分部技术、安全、质量管理人员编制，项目技术、安全、质量等部门专业技术人员审核，项目技术负责人批准。

d. 重大专项施工方案由企业技术部门组织项目经理部及参建施工单位（分包单位）技术、质量、安全等相关部门编制，其中，起重机械安装拆卸工程、深基坑工程、附着式升降脚手架等专业工程实行分包的，其专项方案可由专业承包单位组织编制。由企业安全、质量等部门专业技术人员审核，企业技术负责人批准，分包单位重大专项施工方案须报总包单位备案。

e. 一般专项施工方案由项目经理部或参建施工单位（分包单位）组织项目技术、安全、质量管理人员编制，项目技术、安全、质量等部门专业技术人员审核，由项目技术负责人批准，分包单位专项施工方案须报总包单位备案。

f. 超过一定规模的危险性较大的分部分项工程专项方案应当由施工总承包单位组织召开专家论证会。专项方案经论证后需做重大修改的，施工单位应当按照论证报告修改，并重新组织专家进行论证。

②建设单位（监理单位）审核：施工组织总设计（或方案）完成内部编审后，报建设单位（监理单位），由总监、建设单位项目经理审批，需要上报上级主管部门审批的应符合各油气田相关规定。

2. 质量计划的编制与审批

（1）项目开工前，工程总承包单位、施工单位应完成质量计划编制及报批工作。对于建设内容复杂、建设周期长的项目，质量计划可采用版次方式编制和报批，适时升版并履行报批手续和及时发布。

（2）可研估算总投资1亿元及以上的一类、二类、三类建设项目原则上均应编制质量计划。四类项目及投资1亿元以下的一、二、三类项目可不单独编制质量计划，其相关内容可在工程建设总体部署或项目实施（执行）计划、施工组织设计中明确。建设内容单一的项目，质量计划可适当简化。

（3）工程总承包单位、施工单位质量计划应由项目经理组织工程质量、勘察设计、采购、施工等管理部门（或人员），依据国家法律法规、标准规范、勘察设计文件、合同、建设单位项目质量管理文件（含质量计划）以及承包商公司相关规定等编制，设定的质量目标不应违背建设单位、承包商质量方针和目标。

（4）工程总承包单位、施工单位质量计划应依据所承包范围按单项工程进行编制（如承包范围仅为一个单位工程的按单位工程编制），也可以按照同一项目中所承包全部单元编制一个质量计划。

（5）工程建设项目实施过程中，质量计划所涉及的内容有重大调整变化（包括建设内容或合同范围、项目组织机构和管理人员、工程质量验收标准等重大调整）时，应及时修订和发布新版质量计划，并重新履行相关审批手续。

（6）工程总承包单位质量计划应报监理单位、工程项目管理单位（以下简称PMC，适用于项目管理承包项目）审核，建设单位批准；施工单位质量计划应经承包合同的发包方及监理单位批准，建设单位直接发包的项目须经监理单位、PMC单位审核后由建设单位批准。

（7）质量计划中工程划分应符合下列要求：

①工程划分是施工管理的基础，应在施工组织设计编制完成前完成，质量计划可直接引用。

②单位工程、分部工程划分由建设单位（监理单位）组织

完成。

③分项工程、检验批由项目技术负责人组织完成，划分时应充分考虑施工合同、设计图纸、相关规范、施工部署等方面的工作要求，划分结果应获得建设单位（监理单位）认可。

相关文件：

（1）施工组织设计。

（2）质量计划。

（3）创优计划。

（4）两书一表/HSE例卷。

五、开工条件准备

1. 各项计划上报

各项资源需求计划、施工暂设营地平面布置图、施工现场临时设施平面布置图、施工总进度计划、临时用地计划等，应作为施工组织设计的附件，需要单独履行内外部审批手续时，应及时办理，办理完成后送有关人员和部门执行。

2. 搭建暂设营地和建设施工区

项目经理部应根据施工组织设计的要求搭建暂设营地，建设施工区，并符合下列要求：

（1）暂设营地搭建和施工区建设前，项目经理部应组织绘制暂设营地平面布置图和施工区平面布置图，并履行审签手续；需要办理临时征地手续的，应及时报建设单位批准。

（2）暂设营地和施工区应验收后使用。

（3）暂设营地和施工区的选址、建设和日常维护等工作，应符合本手册《安全文明施工管理》的要求。

（4）分包单位的暂设营地和施工区管理应符合上述要求。

相关文件：

（1）施工暂设营地平面布置图。

（2）施工区平面布置图。

(3) 暂设营地与施工区验收记录。

3. 人员准备

(1) 项目经理部应按照劳动力需求计划和工程需要组织人员进场,主要管理人员、特种作业人员、不可替换人员进场后,应分类登记入册。

(2) 项目经理部应及时组织开展进场人员培训,培训内容应包括但不限于以下几个方面:入场安全教育、应急演练、工作技能教育、其他注意事项等。

(3) 项目经理部应根据建设(工程)项目安全施工的需要,编制有针对性的安全教育培训计划,入厂(场)前对参加项目的所有员工进行有关安全生产法律、法规、规章、标准和建设单位有关规定的培训,重点培训项目执行的规章制度和标准、HSE作业计划书、安全技术措施和应急预案等内容,并将培训和考试记录报送建设单位备案。

(4) 建设单位有要求时,项目经理部的主要负责人、分管安全生产负责人、安全管理机构负责人应参加建设单位组织的专项安全培训,考核合格后,方可参与项目施工作业。

(5) 建设单位有要求时,项目经理部的所有员工应参加建设单位组织的入厂(场)施工作业前的安全教育,考核合格后,获得入厂(场)许可证。

相关文件:

①特种作业人员登记表。
②特种作业人员资格证书。
③不可替换人员名册。
④培训记录。
⑤应急演练记录。
⑥工作交底记录。
⑦业务技能考核、考试、检验记录。
⑧施工人员报审记录。

（6）施工合同、施工组织设计等有关规定中对施工人员有业务水平测试、考试要求的，项目经理部应及时组织进行，建设单位（监理单位）对施工人员有执业资格要求的，项目经理部应及时组织验证，验证合格后，应及时向建设单位（监理单位）报审，获得批准后，方可进行施工作业。

相关文件：

①业务技能考核、考试、检验记录。

②施工人员报审记录。

4. 材料、设备准备

（1）项目经理部应根据工程需要组织材料、设备的订货和接、保、检、运工作，建立材料、设备管理工作台账。

相关文件： 材料、设备管理工作台账。

（2）项目经理部应对进场的原材料、设备进行验收，种类、型号、规格、质量、数量等参数应符合要求设计和规范要求。

（3）乙购材料设备进场验收，由项目部物资管理部门组织，供货商或生产厂家、质检员、库房管理员参加。验收合格后，向监理报验，由专业监理工程师组织验收。

（4）甲购材料进场验收，由项目部物资管理部门组织，供货商或生产厂家、质检员、库房管理员参加。验收合格后，向监理报验，由专业监理工程师组织验收，建设单位代表参加专业监理工程师验收。甲购设备验收由项目部物资管理部门与专业监理工程师共同组织，设备到货后，项目部在拆箱检查前对包装、保证资料进行检查，合格后向专业监理工程师报验，由双方共同拆箱检查验收，建设单位代表、供货商或生产厂家、质检员、库房管理员参加，重大设备或有特殊要求的，设计单位应派专业人员参加。

（5）需要二次试（化）验的，应及时组织送检；需要见证取样的，应通知建设单位（监理单位）进行见证。

(6) 不符合要求的,应禁止使用,并按规定及时处理。

相关文件:

(1) 材料设备质量证明文件。

(2) 原材料见证取样单。

(3) 材料设备二次试(化)验记录。

(4) 材料设备报验记录。

(5) 试验室资质报审表。

5. 施工机具准备

(1) 项目经理部应根据施工组织设计/方案要求,组织完成施工机具进场、安装、调试工作。

相关文件: 施工机具管理工作台账。

(2) 项目经理部应对进场的施工机具(施工机械设备)进行验收,验收内容包括:种类、型号、规格、数量和性能等,做到保险、限位等安全设施和装置完整,生产(制造)许可证、产品合格证齐全,状况良好,保证其符合施工组织设计的要求。

(3) 需要到地方政府部门办理或上级业务主管部门使用许可手续的,应及时办理。

(4) 需要建设单位(监理单位)验收合格后方可使用的,应及时报验。

(5) 不符合要求的,应禁止使用,并按规定及时处理。

相关文件:

①施工机具质量证明文件。

②施工机具二次试化验记录。

③施工机具安全许可验收手续。

④施工机具报审报验记录。

6. 其他生产准备

(1) 交接桩和控制测量。

①项目经理部应参加建设单位组织的设计交接桩工作,接

桩后，应按照规范要求进行保护，并做好记录。

②项目经理部根据勘察设计单位移交的桩位进行控制测量，根据控制测量成果进行放样测量，测量应符合规范要求。

③控制测量成果应提交监理单位复核。

相关文件：

a. 工程控制测量记录；

b. 施工控制测量成果报验表。

（2）拟分包的，应符合下列要求：

①需要将建设工程分包的，须经建设单位（监理单位）批准。

②施工合同中应列明允许分包的条款，说明允许分包的范围及其他条件。

③项目经理部应将分包工程范围、内容、价格等情况以及分包商的以下资料报监理单位审批：

a. 营业执照、企业资质等级证书；

b. 安全生产许可文件；

c. 类似工程业绩；

d. 专职管理人员和特种作业人员的资格。

④分包商应参照本手册对施工单位的要求实施工程管理。

⑤对分包商的管理要求应在分包合同中明确，在施工组织设计中阐述。

⑥分包商所完成的工作，当需要提请建设单位（监理单位）或其他单位审核时，项目经理部应在分包商自检合格的基础上进行预审，预审合格后，由总包方提交。建设单位（监理单位）或其他单位对分包商所完成的工作进行审核时，分包商和项目经理部均应派相关人员配合。

相关文件： 分包单位资格报审表。

（3）施工单位自有试验室或自行委托的试验室资质，应经过监理单位批准。报批时，项目经理部应提供以下文件：

①试验室的资质等级及试验范围。
②法定计量部门对试验设备出具的计量检定证明。
③试验室管理制度。
④试验人员资格证书。

六、开工报审

（1）当工程建设项目主要原材料、构（配）件、设备和施工图设计文件交付进度能够满足连续施工需要，具备项目实施条件后，建设单位应按照国家和股份公司有关规定，向本油气田基建主管部门办理开工报告报审，一类和二类项目各油气田审查完成后，报股份公司审批或股份公司授权各油气田分（子）公司批准。三类和四类项目开工报告由各油气田分（子）公司批准。

（2）项目经理部应配合建设单位办理开工报告，监理单位对项目经理部的相关工作进展情况进行检查确认。

（3）项目施工许可证（开工报告）完成后，单位工程具备下列条件，项目经理部可向建设单位（监理单位）提出开工申请，批准后，方可开工：

①设计交底和图纸会审已完成。
②单位工程施工组织设计已由建设单位代表签认。
③施工单位现场质量、安全生产管理体系已建立，管理及施工人员已到位，施工机械具备使用条件，主要工程材料已落实。
④进场道路及水、电、通信等已满足开工要求。

相关文件：
①施工现场质量管理检查记录
②开工报告。
③开工报审表。
④开工令（监理单位编制，项目经理部留存）。

第三节 过程施工管理

一、过程施工准备

工程实体施工前，应进行工作策划，开展必要的培训、交底工作，需要事先办理的作业许可、报审报验手续以及其他施工准备工作，应及时完成。

1. 施工方案的编制和审批

（1）项目经理部应以分部分项工程为单元，编制施工方案，在实施前完成审签手续。

（2）项目经理部应根据施工组织设计的总体安排，分析分部分项工程的特征，调查评估实施过程中可能出现的各项风险因素，确定工程施工的关键工序，制订相应的控制措施，以保证工程目标的实现。

（3）在施工过程中存在的、可能导致作业人员群死群伤或造成重大不良社会影响的分部分项工程，在施工前应编制安全专项施工方案（简称专项方案），对于超过一定规模的危险性较大的分部分项工程，施工单位应当组织专家对专项方案进行论证。

（4）实行施工总承包的，专项方案应当由施工总承包单位组织编制。其中，起重机械安装拆卸工程、深基坑工程、附着式升降脚手架等专业工程实行分包的，其专项方案可由专业承包单位组织编制。

（5）专项方案应当由施工单位技术部门组织本单位施工技术、安全、质量等部门的专业技术人员进行审核。经审核合格的，由施工单位技术负责人签字。实行施工总承包的，专项方案应当由总承包单位技术负责人及相关专业承包单位技术负责人签字。

(6) 不需专家论证的专项方案，经施工单位审核合格后报监理单位，由项目总监理工程师审核签字。

(7) 超过一定规模的危险性较大的分部分项工程专项方案应当由施工单位组织召开专家论证会。实行施工总承包的，由施工总承包单位组织召开专家论证会。

(8) 下列人员应当参加专家论证会：

①专家组成员（本项目参建各方的人员不得以专家身份参加专家论证会）；

②建设单位项目负责人或技术负责人；

③监理单位项目总监理工程师及相关人员；

④施工单位分管安全的负责人、技术负责人、项目负责人、项目技术负责人、专项方案编制人员、项目专职安全生产管理人员；

⑤勘察、设计单位项目技术负责人及相关人员。

(9) 施工单位应当根据论证报告修改完善专项方案，并经施工单位技术负责人、项目总监理工程师、建设单位项目负责人签字后，方可组织实施。

(10) 实行施工总承包的，应当由施工总承包单位、相关专业承包单位技术负责人签字。

(11) 专项方案经论证后需做重大修改的，施工单位应当按照论证报告修改，并重新组织专家进行论证。

相关文件：施工方案。

2. 施工交底

(1) 项目施工前，项目经理部应组织施工交底，由交底人向被交底人说明工作要求和注意事项。

(2) 施工交底包括安全技术交底和质量技术交底，一般应同时进行。

(3) 交底人由项目技术负责人、专业技术员担任，被交底人应包括拟参与交底项目施工的全体管理和操作人员，交底人和被交底人应签认交底记录。

（4）施工交底可按分部工程或分项工程为单元进行，工程复杂时，可分期分批地交底。

（5）施工交底内容应包括（但不限于）：工程范围、工作目标、工程特点和难点（风险点）、施工工艺流程、质量控制要求、安全控制要求和其他工作要求。

相关文件：（安全）技术交底记录。

3. 办理作业许可手续

（1）施工单位应按照本规定的要求，结合企业作业活动特点、风险性质，明确需要实行作业许可管理的范围、作业类型，并建立作业许可工作范围清单。可根据作业风险大小实施分类分级管理，明确各级审批的流程和权限，指导现场作业许可规范实施，确保对所有高风险的、非常规的作业实行作业许可管理。

（2）油气田企业生产或施工作业区域内，从事工作程序（规程）未涵盖的非常规作业（指临时性的、缺乏程序规定的作业活动），也包括有专门程序规定的高风险作业（如进入受限空间、挖掘、高处作业、吊装、管线打开、临时用电、动火等），应按照当地相关行政管理部门和建设单位规定办理作业许可手续，主要包括（但不限于）：

①非计划性维修工作（未列入日常维护计划或无规程指导的维修工作）；

②非常规承包商作业；

③偏离安全标准、规则、程序要求的工作；

④交叉作业；

⑤油气处理储存设备、管线带压作业；

⑥缺乏操作规程的工作；

⑦屏蔽报警、中断连锁和停用安全应急设备；

⑧对不能确定是否需要办理许可证的其他高风险作业。

（3）如果工作中包含以下工作，还应同时办理专项作业许可证：

①进入受限空间；

②挖掘作业；

③高处作业；

④移动式吊装作业；

⑤管线与设备打开；

⑥临时用电；

⑦动火作业。

相关文件：作业许可证明文件。

4. 其他施工准备

需要进行放样测量的，测量结果应符合设计和规范要求，需要监理或建设单位确认的，应审签完成。

有上道工序的，应验收合格，工序交接手续已办理完成。

人、机、料准备工作的要求参见本章第二节。

二、实体施工

1. 实体施工的一般要求

（1）工程实体施工过程应严格遵循施工组织设计、施工方案等文件要求，管理人员应履行相关的监督、检查、指导职责，操作人员应遵守本手册标准化施工要点及关键控制工序（点）操作，管理人员应按照本手册专业技术部分检查指导工作。

（2）需要事先实施的安全专项方案或安全技术措施（例如支护措施、井点降水措施、通风措施、防火防爆隔离或监护措施、紧急逃生通道、防风措施等），应及时完成并验收合格，以建立保证质量和安全的施工环境，未及时完成或未验收合格的，不得进行工程实体施工。

（3）项目经理部管理人员应监控施工过程，对影响工程质量权重较大的重点工序、重点部位应加强指导和监督，保证工程质量。

（4）操作人员应严格按照设计文件、施工验收规范等要求进行施工作业，施工期间及时进行自检，需要互检和专检的工序，应及时提出检验申请。

（5）出现安全、质量事故或发现安全、质量隐患的，应按照规定妥善处理，例如：暂停施工、撤离危险区域、报告、组织抢修、实施应急预案等。

（6）隐蔽工程、重要工序、检验批、分项工程由项目经理部相关岗位的人员组织验收，合格后，及时向建设单位（监理单位）提出报验申请，需要其他单位参加的，应及时通知，得到同意验收的意见后，方可转入下道工序。建设单位（监理单位）验收不合格的，应及时整改，有异议的，可向验收负责人的上级申诉。

（7）需要在过程中进行试验、检验或留置试块和试件的，应按规定及时完成；试验、检验和留置试块等工作，当需要建设单位（监理单位）见证时，应提前告知。

（8）工程信息的采集与处置。

①项目经理部依据工程信息对项目实施有效的动态管理。

②项目经理部应监控施工过程，及时观察采集工程实体参数、环境状态、机具状态、材料设备状态、人员状态、相关方的指令和建议等各项工程信息。

③项目经理部应妥当处置采集到的工程信息，处置方式包括：传输（信息共享）、加工（资料的编制、审签、收集、整理）、储存等。

④工程信息采集和处置工作的时间、责任人或责任机构、工作内容和要求应在施工组织设计、施工方案等文件中明确。

（9）分包商的工作应符合本手册的要求。

相关文件：

（1）收发文记录。

(2) 会议记录。

(3) 各种工程资料。

(4) 日报、周报、月报、年报。

(5) 工序交接记录。

(6) 隐蔽工程验收记录。

(7) 分项工程质量验收记录。

(8) 分部工程质量验收记录。

(9) 单位工程质量验收记录。

(10) 单位工程质量控制资料核查记录。

(11) 分部工程质量报验表。

(12) 单位工程质量报验表。

(13) 检验或试验记录。

2. 质量控制

1) 自检、互检、专检

(1) 每名操作人员应按照技术交底的要求，对自己负责完成的每道工序质量进行检验，并做好自检记录。

(2) 每个作业班组内的成员，应按照技术交底的要求，对其他成员的关键工作进行抽检，做好互检记录。哪些内容是关键工作以及关键工作的质量要求应在技术措施中阐述，在技术交底过程中明确。

(3) 专职质量检查员按照技术交底和施工验收规范等规定，量测工程实体施工质量，形成专检记录或检验批质量验收记录。

2) 隐蔽工程验收

隐蔽工序在隐蔽前先由项目专业质量（技术）负责人组织内部验收，合格后，及时向建设单位（监理单位）提出报验申请，监理单位（建设单位）专业监理工程师（建设单位代表）组织验收，项目经理部予以配合。

3) 重要工序的交接验收

(1) 对工程建设目标有较大影响的工序统称为重要工序，项目经理部应根据工程特点、施工工艺流程、企业管理经验等因素，确定重要工序范围，建设单位（监理单位）、质量监督单位有权指定重要工序，项目经理部应予执行。

(2) 重要工序在交接前由项目专业质量（技术）负责人组织自检，合格后组织或报请相关方验收：

①下道工序由同一施工单位内其他班组负责的，应通知相应班组派代表参加验收。

②下道工序由其他施工单位负责的，应通知相应单位派代表参加验收。

(3) 监理单位、建设单位、质量监督单位指定的重要工序，项目经理部应通知相应单位派代表参加或组织验收。

(4) 重要工序的验收应做好记录，交接双方及其他相关方应签字确认。

4) 检验批、分项工程验收

检验批、分项工程的验收由项目专业质量（技术）负责人组织，验收合格后，及时向建设单位（监理单位）提出报验申请；需要其他单位参加的，应及时通知，得到同意验收的意见后，方可进行后续工作。

检验批、分项工程验收由专业（监理）工程师组织，项目经理部应予配合。

5) 分部工程验收

分部工程的验收由项目技术负责人组织，验收合格后，及时向建设单位（监理单位）提出报验申请；需要其他单位参加的，应及时通知，得到同意验收的意见后，方可进行后续工作。

分部工程验收由项目经理（总监理工程师）组织，项目经理部应予配合。

6) 单位工程验收

单位工程完工后,项目经理部应组织有关人员检查评定,合格后向建设单位提交单位工程质量交工验收申请报告。建设单位组织监理、质量监督等单位进行单位工程验收,项目经理部应予以配合。

相关文件:单位工程质量交工验收申请报告。

7) 停监点、必监点的申报

(1) 质量监督部门将涉及结构安全和重要使用功能的工序确定为停监点、必监点后,项目经理部应予配合。

(2) 停监点、必监点施工完毕或即将施工完毕时,项目经理部应按照质量监督部门规定的时限,报告建设单位(监理单位),由建设单位(监理单位)检验合格后通知质量监督部门进场验证,项目经理部、建设单位(监理单位)应准备好相关的工程资料,待质量监督部门检验合格后,方可进行后续工作。

(3) 项目经理部、监理单位、建设单位对工程质量监督机构提出的有关质量行为和工程实体质量的问题应进行整改,直至符合国家法律法规、股份公司工程质量管理规定和标准规范的要求。

(4) 对工程质量监督提出的问题存在异议的,可向工程质量监督机构提出申诉,也可向其上级主管部门提出申诉。

8) 成品保护

项目经理部应识别出易受到损害的工程部位,制订成品保护措施(参见本手册《安全文明施工管理》分册)。

操作人员应按照技术交底的要求,执行成品保护措施。

项目经理部管理人员按照岗位职责巡视成品保护措施执行情况,发现问题,应及时处理。

建设单位(监理单位)应巡视工地,抽查成品保护措施执行情况,发现问题,应及时处理。

9) 质量事故的处理

(1) 质量事故,指在生产和经营活动中,因产品、工程和服务质量问题或不合格造成损失以及在国家、省(市、自治区)或集团公司有关部门组织的监督抽查中发现的不合格事件。

(2) 质量事故分为以下等级:

①特大质量事故,包括直接经济损失在 500 万元及以上的质量事故;在社会上造成特别恶劣影响,严重损害公司形象的质量事故;造成重大工程(装置或设备)报废或原定设计使用功能严重降低的质量事故。

②重大质量事故,包括直接经济损失在 100 万元及以上、500 万元以下的质量事故;在社会上造成重大影响、损害公司整体形象的质量事故;国家组织的产品质量监督抽查不合格或集团公司组织的产品质量监督抽查中同类产品连续两次不合格的质量事故;造成工程停工 5 日及以上、返工工作量超过 30% 及以上、工期延误 3% 及以上的质量事故。

③较大质量事故,包括直接经济损失在 30 万元及以上、100 万元以下的质量事故;经省(市、自治区)、集团公司质量监督检验部门抽查不合格的质量事故;因所属单位质量原因发生退货赔偿或产生纠纷,涉及产品或服务价值达 30 万元及以上的;造成工程停工 3 日及以上 5 日以下、返工工作量超过 10% 及以上小于 30%、工期延误 1% 及以上低于 3% 的质量事故。

④一般质量事故,是指直接经济损失在 30 万元以下的质量事故;造成工程停工 3 日以下、返工工作量 10% 以下、工期延误 1% 以下的质量事故。

(3) 发生质量事故,事故现场有关人员应及时向项目经理报告,项目经理应及时向本单位报告。质量事故情况发生变化的,应当及时续报。情况紧急时,质量事故现场有关人员可以直接向所属单位质量主管部门报告。未经批准不得擅自对外披露质量事故信息。

(4) 发生质量事故后,项目经理部应妥善保护质量事故现场及相关证据,不得破坏质量事故现场、毁灭有关证据。因抢救人员、防止质量事故扩大等原因,对现场采取的必要措施应做出书面记录,妥善保存现场重要痕迹和证物。

(5) 质量事故发生后,上级质量监督部门应组成质量事故调查组,开展质量事故调查,项目经理部应予配合。

相关文件: 质量事故报告。

10) 分包商的质量管理

分包商对所承包的工程项目进行工序自检,隐蔽工程、重要工序、检验批及以上等级的工程,由分包商的项目专业质量(技术)负责人、项目技术负责人、项目经理逐级组织验收,并通知总包单位派同级人员参加,合格后,由总包单位报请建设单位(监理单位)验收。

建设单位(监理单位)和其他单位对分包商承担的工作进行检查、验收时,分包商和项目经理部的相关管理人员均应到场配合。

3. 成本管理

1) 工程款支付

工程款支付包括:预付款、进度款、尾项工程款、保修金以及其他专项费用。

(1) 预付款:项目经理部根据施工合同规定,具备条件后,提出预付款申请,经监理单位审核,建设单位批准后,到建设单位财务管理部门办理支付手续。

(2) 进度款:项目经理部根据施工合同规定,待工程进展到一定程度后,按时申请工程量计量,监理单位审核后,可提出进度款支付申请,经监理单位审核、建设单位批准后,到建设单位财务管理部门办理支付手续。

(3) 尾项工程款:工程尾项协议书审签完成后,项目经理部提交尾项工程预算,建设单位(监理单位)经根据施工合同规定进行审核，确认尾项工程款金额，在支付工程款时核减，待尾项工程验收单审签完成后，项目经理部按照进度款的手续办理尾项工程款支付。

（4）保修金：工程竣工报告审签完成后，项目经理部可要求建设单位支付除尾项工程款、保修金以外的全部工程款，审批程序同进度款。工程保修期结束后，施工单位可提交支付保修金的申请，经监理单位审核，建设单位批准后，到建设单位财务管理部门办理支付手续。

（5）其他专项费用：安全生产施工保护费用等专项费用的支付申请、审核程序由建设单位与施工单位在施工合同中约定。

相关文件：

（1）工程款支付申请。

（2）工程量计量记录（工程量认证单）。

（3）工程款支付证书。

2）设计变更

（1）设计变更是指设计单位对原设计内容进行修改、完善、优化。

（2）设计变更单由设计单位以图纸或设计变更通知单的形式发建设单位，由建设单位认可后转发项目经理部执行，禁止擅自实施未经建设单位认可的设计变更。

（3）重大设计变更，应按管理权限报批后方可实施。

（4）设计变更审签手续应齐全，其效力等同于设计图纸。

（5）设计变更通知单的内容实施完成后，应获得建设单位（监理单位）的确认，并根据施工合同等规定进入工程结算。

相关文件： 设计变更（通知）单。

3）设计联络和材料代用

（1）建设单位、设计单位、施工单位、监理单位均可就以下内容，提出设计联络的要求：①由于某些原因需要修改工艺技术；②增减工程内容；③改变使用功能；④设计错误；⑤合理化建议；⑥施工错误；⑦改变材料设备的规格型号；⑧工程地质勘察资料不准确需要变更设计；⑨解释设计文件中不够明确的内容等。

（2）设计联络应经过施工单位、建设单位（监理单位）、设计单位会签后，方能生效。

（3）涉及变更设计的，设计单位应根据设计联络内容出具设计变更单，设计联络单不能替代设计变更单。

（4）材料代用手续与设计联络的管理要求相同。

相关文件：

（1）设计联络单。

（2）材料代用审批单。

4）现场技术经济签证管理

（1）非施工单位原因导致施工单位出现直接经济损失时，可向建设单位（监理单位）提出经济签证申请。

（2）费用经济签证申请应在施工合同约定的期限内提出。

（3）经济签证事件的原因应符合施工合同约定。

（4）建设单位（监理单位）要求项目经理部进一步提交详细资料的，应予配合。

（5）经济签证的内容应根据施工合同规定进入工程结算。

（6）经济签证可包括以下内容：

①材料、设备的形状、运输方式、运距、二次倒运情况。

②土质类别、土方开挖方式、冻土、外运土方运距。

③道路及场地、管线、设备的拆除等。

④垂直运输、水平运输、吊装、开挖和焊接等机械和机具的配置、运输情况和台班数量。

⑤安装、焊接、组装、吊装、摊铺、降水、排水和超限设备运输等施工技术及保障的措施。

⑥机械停工台班，停工窝工的数量。

⑦维修工程前期拆除内容。

⑧零星用工以及竣工图未明确的内容。

⑨不可抗拒自然灾害、特殊地况等特殊地区、特殊情况描述。

⑩预算定额、费用定额不包括的，符合经济签证范畴的。

相关文件：

（1）经济签证。

（2）工程预算书。

（3）费用索赔报审表。

5）工程量认证

（1）项目经理部应根据施工合同规定，及时进行工程量认证，工程量认证数据应经过监理、建设单位审签。

（2）工程实体的工程量认证应以分部分项工程为单元，在质量验收合格的基础上进行。

（3）难以事后认证的工程量（临时措施、隐蔽工程），项目经理部应及时提出认证申请，并留好必要的影像资料。

（4）部分证实性的工程量认证可通过办理经济签证的方式进行。

4. 进度控制

进度控制应按照三级进度计划的要求执行，且应满足施工合同工期的规定，进度控制情况应列为生产例会的主要内容。

1）进度控制工作的资源配置

（1）项目经理部生产岗管理人员应按照施工组织设计、施工方案、两书一表等文件要求，调配资源，做到人员、机具和材料设备的质量和数量满足生产需要。

（2）生产岗人员应定期或不定期地检查施工机具、道路、排水和安全设施等方面的完好情况，降低资源质量差给进度控制带来的风险。

2）进度计划的编制

（1）项目经理部应按照建设单位的要求，编制三级进度计划，三级进度计划必须符合二级进度计划（建设单位编制）确定的里程碑计划，满足分期分批投产的时间要求。

（2）编制三级进度计划时将每个交工系统的各项工程分别列出，在控制的期限内进行各项工程的具体安排，可以采用甘特图（横道图）或网络图编制，经本单位相关负责人审核后上报监理、建设单位项目经理部审批后执行。

（3）进度计划组成：单项工程施工进度计划、单位工程施工进度计划、分部分项工程施工进度计划。

（4）工程施工进度计划应按重点审查以下内容：

①是否符合施工合同约定工期，施工进度计划与合同工期和阶段性目标的响应性与符合性以及计划工期完成的可靠性，是否留有余地。

②主要工程项目内容是否全面，有无遗漏或重复的情况，满足分批试运和动用需要，阶段性施工进度计划满足项目施工总进度目标要求。

③施工进度计划中各个项目之间逻辑关系的正确性与施工组织的可行性，关键路线安排和施工进度计划实施过程的合理性，施工进度计划的详细程度和表达形式的适宜性，以及施工顺序的安排是否符合施工工艺要求。

④施工人员、机械和材料等资源供应计划满足施工进度计划需要和施工强度的合理性及均衡性。

⑤本施工项目与其他各标段施工项目之间的协调性，交叉作业的施工项目安排是否合理。

⑥是否符合建设单位提供的资金、设计文件、施工场地和物资等施工条件。

3）进度控制措施的落实

（1）项目经理部生产岗管理人员应按照施工组织设计、施工方案等文件确定的施工工艺组织施工，需要落实的冬雨季施工措施、夜间施工措施、其他专项措施等，须严格执行。

（2）当资源难以保障或生产措施没能执行时，项目经理部应主动与相关单位沟通协调，保证各项工作按计划进行。

（3）项目经理部应定期或不定期地检查工作措施的执行情况，降低措施落实不到位给进度控制带来的风险。

4）进度计划的监测、考核、评估

（1）施工前，项目经理部应根据总进度计划制订月进度计划，月进度计划应分解成周计划、日计划。

（2）进度计划应按日监测，按周考核，按月评估。项目经理部生产岗的管理人员应每日记录工程进展情况，每周进行一次进度控制情况考核，每月进行一次进度控制情况综合性的分析评估，对比基准采用上期（周、月）制订或修订的进度计划，技术岗管理人员应参与月进度的分析评估。

（3）项目经理部应重点对以下内容进行监测：

①各工期节点（里程碑）是否符合施工合同中工期的约定。

②主要工程项目有无遗漏，是否满足分批投入试运、分批动用的需要。

③阶段性施工进度计划是否满足总进度控制目标的要求。

④施工顺序的安排是否符合施工工艺要求。

⑤施工人员、工程材料和施工机械等资源供应计划是否满足施工进度计划的需要。

⑥建设单位提供的资金、施工图纸、施工场地、物资等施工条件是否满足进度需要。

⑦可能影响工程进度的其他风险：施工工地的气象环境、施工作业面的施工环境、资源配置计划的执行情况、质量安全措施的执行情况等。

⑧本期完成的工程量。

（4）项目经理部应定期召开月进度控制情况综合性的分析评估会，根据本月实际进度完成情况、项目资源配置情况和环境因素变化情况等，评价已完工程的进度控制工作，预测下步工程进度控制工作方面的风险，估算并确定下一周期的进度计划。

（5）进度计划执行情况的评估应采用专业的计算机软件（如P3，MS Project等）完成。

5）计划调整

（1）调整进度计划与否应在月进度控制工作评估的基础上进行。

（2）由于施工方责任，导致工程实际进度不能满足计划节点工期要求时，应考虑制订赶工措施。

（3）需要改变节点工期时，可调整资源配置计划或施工工艺，配套的质量、安全保障措施应科学合理。

（4）由于施工方责任，导致工程实际进度滞后于计划进度但不影响节点工期时，可考虑调整进度计划。

（5）需要调整进度计划时，应以月为单元调整，周计划、日计划依据月计划确定后，仅做进度控制的比对基准，不需调整。

（6）调整后的进度计划和实施方案均应按程序审批。

相关文件：

（1）施工进度计划。

（2）施工进度计划报审表。

（3）工程临时及最终延期报审表。

5. HSE 控制

项目经理部应将 HSE 控制情况列为生产例会的议题，并定期或不定期地组织检查落实 HSE 控制工作情况。

1）职业健康控制

（1）在可能发生急性职业危害的有毒有害作业场所，项目经理部应按施工组织设计等文件的要求，设置工作场所职业危害因素告知栏、警示标识、报警设施、冲洗设施、防护急救器具等,设置应急撤离通道和必要的泄险区,同时做好定期检查和记录。

(2) 项目经理部应根据作业场所职业危害因素的实际情况为作业人员配发合适的个体防护用品,员工从事有毒有害作业时,应按规定正确使用防护用品。

(3) 对接触职业危害的员工,项目经理部应组织上岗前、在岗期间和离岗时的职业健康检查,为员工建立职业健康监护档案,发现有职业禁忌症以及疑似职业病者,项目经理部应安排其调离原有害作业岗位或进行观察、治疗等妥善处置工作。

(4) 对在生产作业过程中遭受或者可能遭受急性职业危害的员工,项目经理部应及时组织救治,有应急预案的,执行应急预案。

2) 安全控制

(1) 项目经理部安全员应定期组织召开安全工作专题会议,汇总分析安全控制工作成效,掌控各项风险因素的发展趋势,明确下步工作风险削减措施。

(2) 项目经理部各岗位管理人员对自己所负责的作业面的安全管理工作负直接责任,应及时检查、指导和监督操作人员遵守安全技术交底的要求。

(3) 在危险作业、交叉作业和关键工序开始前以及人员、设备和作业环境发生变化时,相关的管理人员应组织召开专项工作安全会议,安排、部署和指导作业人员落实风险削减措施。

(4) 班组长在每天作业前,应认真执行《班前安全分析会制度》,根据当天施工作业内容,结合项目 HSE 计划书,组织班组成员进行安全风险分析,落实风险削减措施,并填写《班前安全分析会记录》。

(5) 班组每周组织一次安全活动,传达上级文件,进行每周安全工作总结,并形成记录。

(6) 班组作业人员应遵守安全技术交底、操作规程、设计图纸等相关的工作要求。

（7）施工过程中，项目经理部管理人员应监控施工过程，包括（但不限于）：检查作业许可手续、检查操作人员持证上岗情况、检查班前会情况、检查操作人员遵章作业情况、检查施工机具安全性能、检查材料设备的安全状态、检查临时性安全措施落实情况、检查周边环境风险。

（8）项目经理部应按标准要求规范现场安全管理，设置安全警示标识。

（9）关键工序开始前应认真按照工序停检内容检查确认。

（10）危险作业应认真执行相关安全规范和业主要求，逐项落实安全措施，现场负责人检查合格并签字确认后允许作业。

（11）发现安全隐患或出现安全事故时，应按照两书一表/HSE例卷、应急预案的要求妥善处理。

（12）项目经理部承担对分包单位的安全监管职责，对分包单位实行全过程安全监管，并对分包单位的安全生产承担连带责任。

（13）安全事故的处理。

（14）生产安全事故类别分为工业生产安全事故、道路交通事故、火灾事故。

①事故分为以下等级：

a. 特别重大事故，是指造成30人以上死亡，或者100人以上重伤（包括急性工业中毒，下同），或者1亿元以上直接经济损失的事故。

b. 重大事故，是指造成10人以上30人以下死亡，或者50人以上100人以下重伤，或者5000万元以上1亿元以下直接经济损失的事故。

c. 较大事故，是指造成3人以上10人以下死亡，或者10人以上50人以下重伤，或者1000万元以上5000万元以下直接经济损失的事故。

d. 一般事故，是指造成 3 人以下死亡，或者 10 人以下重伤，或者 1000 万元以下直接经济损失的事故。

②事故发生后，事故现场有关人员应当立即向项目经理报告，项目经理应当立即向本单位安全主管部门、总监理工程师、建设单位项目经理报告；情况紧急时，事故现场有关人员可以直接向单位安全主管部门报告。事故情况发生变化的，应当及时续报。

③发生事故，应当以书面形式报告；情况特别紧急时，可用电话口头初报，随后书面报告。书面报告内容应符合要求。

④事故发生后，项目经理部应当立即启动相应的事故应急预案，项目经理应立即赶赴事故现场，组织抢救，防止事故扩大，减少人员伤亡和财产损失。

⑤事故发生后，项目经理部应当妥善保护事故现场以及相关证据，任何单位和个人不得破坏事故现场、毁灭有关证据。因抢救人员、防止事故扩大以及疏通交通等原因，需要移动事故现场物件的，应当做出标志、绘出现场简图并做出书面记录，妥善保存现场重要痕迹、物证。

⑥事故发生后，项目经理部应当积极配合政府和其授权或者委托有关部门组织的事故调查组进行事故调查。

3）环境控制

（1）作业人员应按照技术交底和操作规程的要求落实环境控制措施。

（2）项目经理部各岗位管理人员对自己所负责的作业面的环境管理工作负直接责任，应及时检查、指导和监督操作人员遵守安全技术交底的要求。

（3）班组作业人员应遵守技术交底、操作规程和设计图纸等相关的工作要求。

相关文件：

①HSE 检查记录。

②HSE事故报告。

4）应急管理

（1）项目经理部的应急管理应纳入施工单位和建设单位的应急预案体系。

（2）项目经理部应编制生产安全综合应急预案、专项应急预案、现场处置预案（方案）和处置卡，并建立应急预案的制（修）订、培训、演练和审核备案等管理制度。

（3）项目经理部应当按照应急预案和有关法律法规、标准，购置和储备与应急处置救援需求相适应的应急物资装备。

（4）不具备应急救援队伍建设条件的施工单位，应当与周边应急救援力量签订协议，为企业应急救援提供保障。

（5）项目经理部应组织全员参加应急培训，提高安全生产应急意识和应急能力。应急指挥人员应当重点加强应急意识、管理知识及应急指挥决策能力培训；应急救援专业人员应当加强执行应急预案和应急救援技能培训；岗位员工应当加强安全操作、应急反应、自救互救以及第一时间初期处置与紧急避险能力培训。新上岗和转岗人员必须经过岗前应急培训并考核合格。

（6）项目经理部应当结合实际工况，进行现场处置预案（方案）和处置卡实战演练活动。

（7）项目经理部应当对可能危及周边居民生命财产安全或产生次生环境损害的生产环节、关键设备设施和重大危险源等进行监测，对可能导致突发生产安全事件的异常状况进行重点监测，发现异常，及时上报，并做好跟踪等后续工作。

（8）当发生紧急事件时，项目经理部应当根据事故应急救援需要划定警戒区域，配合当地政府有关部门及时疏散和安置事故可能影响的周边居民和群众，劝离与救援无关的人员，对现场周边及有关区域实行交通疏导。必要时，应当对事故现场实行隔离保护，重要部位、危险区域应当实行专人值守。

（9）事发单位应当在不影响应急处置的前提下，采取有效措施保护事故现场，及时收集现场照片、监控录像、工艺设备运行参数、作业指令、班报表以及应急处置过程等资料。任何人不得涂改、毁损或隐瞒事故有关资料。

（10）事发单位应当对恢复生产过程中的安全风险进行评估，制订和实施有效防控措施，对现场危险因素进行持续监测，防止发生次生事故。

（11）项目经理部应急准备工作应接受上级部门的评估，评估内容主要包括：应急制度与预案体系、物资装备储备、费用保障、队伍与能力建设、应急演练、应急培训、监测预警及信息系统建设等。

（12）事发单位应当及时对事故应急处置与救援工作过程进行总结，并将总结报告报事故调查组和上级主管部门。

第四节 试运及投产管理

一、单机试车

（1）单机试车工作应按照施工方案或技术措施的要求执行。

（2）单机试车自检合格后应及时通知建设单位（监理单位）验收。

（3）需要供货单位或设备生产厂家配合的，应由项目经理部牵头组织；需要建设单位配合的，项目经理部负责通知到建设单位，建设单位应予配合，施工合同中有特殊约定的，执行施工合同。

（4）单机试车过程需要的水、电等资源由建设单位提供，按施工合同的有关条款结算。

（5）建设单位应按合同约定，组织 EPC 总承包商、施工承包商和监理承包商进行项目单机试运行,并在试运行合格后签字确认。

(6) 单机试运行合格后,建设单位应按合同约定与 EPC 总承包商或施工承包商办理中间交接手续。

相关文件:

(1) 单机试车记录。

(2) 中间交接证书。

二、系统调试

(1) 系统调试工作应按照施工方案的要求执行。

(2) 系统调试合格后应及时通知建设单位(监理单位)验收。

(3) 需要供货单位或设备生产厂家配合的,应由项目经理部牵头组织;需要建设单位配合的,项目经理部负责通知到建设单位,建设单位应予配合,施工合同中有特殊约定的,执行施工合同。

相关文件: 系统调试记录。

三、配合中间(完工)交接

(1) 中间(完工)交接的条件,应在施工合同中约定。

(2) 单项工程或单位工程按设计文件所规定的范围全部完成,并经管道系统和设备的内部处理、电气和仪表调试及单机试车合格后,项目经理部可提出交工(完工)交接申请,监理单位初审合格后,由建设单位组织中间(完工)交接,项目经理部配合。

(3) 中间(完工)交接标志着工程施工安装结束,由单机试车转入联动试车。它是工程保管、使用责任的移交,不解除承包单位对工程质量、验收应负的责任。

相关文件：

（1）中间（完工）交接证书。
（2）工程尾项协议书。

四、配合联动试运、配合交工验收、工程竣工报审

（1）联动试运由建设单位（生产单位）组织，项目经理部负责配合。
（2）完成中间交接和联动试车后，由建设单位组织交工验收，确认工程质量达到验收标准，项目经理部负责配合。
（3）交工验收合格后，项目经理部可提交工程保修书、工程竣工报告，履行工程竣工报审手续。
（4）如果留有尾项工程，应一并办理相关手续。

相关文件：

（1）联动试运合格证书。
（2）交工验收证书。
（3）工程质量保修书。
（4）工程竣工报告。
（5）尾项工程验收单。
（6）施工总结。

五、配合消防验收、投料试生产、配合其他专项验收

（1）项目经理部应配合建设单位，做好消防验收和其他专项验收工作。
（2）投产应具备以下条件：
①投产所有工程内容符合设计文件和规范要求，单位工程经相关部门验收合格。
②属于压力容器类特殊设备的安装，经具有资质的检定部门验收合格。
③系统安全试运行完毕。

④操作与维护工艺设备的人员得到充分的培训。

⑤所有工艺安全管理的相关要求已得到满足。

⑥单位工程经消防等部门验收合格。

（3）建设单位应成立试运行投产组织协调机构，统一组织试运行投产工作，项目经理部负责配合。

（4）建设单位负责编制投产方案，方案中的投产保运机构由项目经理部上报，建设单位批准后执行。

（5）施工单位应根据投产方案对参加保运的人员进行安全技术交底。

（6）投产保运机构人员名单和所需的材料、设备、机具计划由项目经理部负责编制。

（7）项目经理部应派驻相关的管理人员和操作人员，配置所需的材料、设备、机具等资源，在项目投料试生产开始至连续稳定72小时期间内，协助建设单位对工程实体进行监控、维护、维修等保运工作。

（8）保运人员应遵守岗位操作规程和相关制度，各工种严格按安全操作规程操作，不得违章操作。

（9）保运人员应坚守岗位，不许擅自离岗、睡岗或干岗位以外的事，认真记录设备运转参数。

（10）保运过程中一旦发现问题，应立即按预案处置。

相关文件： 值班记录

六、申请工程结算

（1）项目经理部应根据施工合同要求和工程实际，及时编制工程预算，中间（完工）交接合格后，向建设单位提交工程结算申请。

（2）工程结算审核程序应符合施工合同规定，一般情况下，监理单位负责工程结算初审，建设单位复审。

（3）建设单位最终确认工程结算前，应核查工程竣工报告。

相关文件：工程结算书。

七、工程资料移交/归档

（1）工程实体施工完毕，进入单机试车、系统调试阶段后，施工资料可初步全面整理组卷，为交工（完工）交接等工作做好准备。

（2）工程竣工报审合格后，项目经理部应及时完成工程资料归档工作。

（3）工程资料的归档范围、归档时间、归档套数、保存地点等应符合合同规定。

（4）工程资料归档前，应报请建设单位（监理单位）审查。

相关文件：
（1）交工技术档案移交证书。
（2）归档电子文件移交、接受检验登记表。

八、配合项目竣工验收

项目竣工验收由建设单位或建设单位的上级部门组织，项目经理部应予配合。

第五节　工程保修

建设单位在与施工单位签订合同时，应约定保修期和保修金等内容。

施工单位应按照施工合同规定，在竣工验收前，向建设单位出具质量保修书，质量保修书应当明确工程建设项目保修范围、期限和责任等内容。

在保修范围和保修期限内发生质量问题的，施工单位应履行保修义务，分析质量责任，并由责任方承担造成的损失。

相关文件：保修和回访工作记录。

第二章　工程资料管理

建设项目资料，指建设项目在立项、审批、招投标、勘察、设计、采购、施工、监理及竣工验收等全过程中形成的信息记录，包括文字、图表和声像等各种载体形式的全部文件，具有保存价值的，应当归档保存，归档保存的项目资料叫建设项目档案[1]。

本手册中的工程资料指建设项目资料中由施工承包商负责管理的部分。

油气田地面建设工程的建设周期较长、建设过程复杂、过程成果多样，因此，相应的工程资料种类繁多、形式多样、数量巨大、数据庞杂，内容丰富，须采用科学的方法才能有效管理。

第一节　一般规定

工程资料管理应贯穿于项目施工管理全过程。

一、基本要求

对与工程建设有关的重要活动、记载工程建设主要过程和

---

[1] 中国石油天然气股份有限公司建设项目档案管理规定（石油办〔2010〕281号），第三条　本规定所称建设项目档案，指建设项目在立项、审批、招投标、勘察、设计、采购、施工、监理及竣工验收等全过程中形成的，具有保存价值的应当归档保存的文字、图表和声像等各种载体形式的全部文件。

现状的各种载体的文件，均应收集齐全，具有保存价值的，由相关责任单位整理立卷后归档。

工程文件的形成和积累应纳入工程建设管理的各个环节和有关人员的职责范围。

工程文件应随工程建设进度同步形成，不得事后补编。

每项建设工程应编制一套电子档案，随纸质档案一并移交。

工程资料应内容齐全，格式统一，按时编写、审签和传递，全面收集，系统整理，科学立卷，及时归档❶。

项目经理部应加强对项目文件形成、收集和整理等过程控制，保证项目资料完整、准确、系统。

资料完整指按建设工程文件归档规范 GB 50328、《股份公司建设项目文件归档范围和保管期限表》、本手册第一章第三节所确定的内容，将建设项目全过程中应当收集的项目文件，全部收集齐全。

资料准确指工程资料的内容真实反映建设项目的实际情况和建设过程，图物相符，签字手续完备。

资料系统指工程资料按其形成规律，保持各部分之间的有机联系，分类科学，组卷合理。

工程资料应便于检索和追溯，以提高信息共享、论证决策等管理工作效率。

建设单位应按下列流程开展工程文件的整理、归档、验收和移交等工作，涉及施工单位工作的，应予配合：

（1）在工程招标及与勘察、设计、施工和监理等单位签订协议或合同时，应明确竣工图的编制单位、工程档案的编制套数、编制费用及承担单位、工程档案的质量要求和移交时间等内容。

（2）收集和整理工程准备阶段形成的文件，并进行立卷归档。

---

❶ 中国石油天然气股份有限公司建设项目档案管理规定（石油办〔2010〕281 号），第十一条。

(3) 组织、监督和检查勘察、设计、施工、监理等单位的工程文件的形成、积累和立卷归档工作。

(4) 收集和汇总勘察、设计、施工、监理等单位立卷归档的工程档案。

(5) 收集和整理竣工验收文件，并进行立卷归档。

(6) 在组织工程竣工验收前，提请档案管理机构对工程档案进行预验收；未取得工程档案验收认可文件，不得组织工程竣工验收。

(7) 对列入城建档案管理机构接收范围的工程，工程竣工验收后3个月内，应向当地城建档案管理机构移交一套符合规定的工程档案。

工程资料及其管理工作应符合相关法律、法规、规范、标准等相关文件要求，包括（但不限于）：

(1) GB 50328《建设工程文件归档规范》。

(2) GB 11822《科学技术档案案卷构成的一般要求》。

(3) GB 18894《电子文件归档与管理规范》。

(4) DA/T 28《国家重大建设项目文件归档要求与档案整理规范》。

(5) DA/T 22《归档文件整理规则》。

(6)《中国石油天然气股份有限公司建设项目档案管理规定》。

(7)《中国石油天然气集团公司建设项目档案管理规定》。

(8)《油气田地面建设工程（项目）竣工验收手册》（油勘函〔2010〕228号）。

(9)《油气田地面建设工程（项目）资料管理》（石油工业出版社，2015）。

项目竣工文件应按照《科学技术档案案卷构成的一般要求》（GB/T 11822）和《国家重大建设项目文件归档要求与档案整理规范》（DA/T 28）进行整理。图纸应按照《技术制图复制图的折叠方法》（GB/T 10609.3）要求统一折叠。电子文件应符合《电子文件归档与管理规范》(GB/T 18894)❶。

二、职责

（1）项目建设单位负责组织协调和指导参建单位编制、整理和归档项目文件，并负责案卷质量的审查。

（2）项目建设单位和参建单位应根据各自职责范围或合同规定，按照建设项目档案管理规定要求，完成项目文件的编制、整理和归档工作。监理单位负责审核和签署项目竣工文件。

（3）采用项目管理承包等其他管理模式的建设项目，项目建设单位应在合同中明确双方对不同载体项目文件的管理职责、要求，并按照合同规定将项目文件归档❷。

（4）建设单位项目经理是工程资料管理工作的总负责人，其他参建单位和人员应予配合。

（5）其他参建单位的项目经理是各自项目的资料管理工作第一责任人，项目经理可授权项目技术负责人组织开展工程资料管理的具体实施工作；项目经理部成员按各自的分工和岗位职责，记录自己负责的工作过程，做好本岗位的工程资料管理工作。

（6）建设单位应及时向参与工程建设的勘察、设计、施工和监理等单位提供所需工程资料。

（7）建设工程项目实行总承包管理的，总承包单位应监督、指导和审查分包商的工程资料管理工作，负责收集、汇总各分包商形成的工程档案，并应及时向建设单位移交；各分包商应将本单位形成的工程文件整理、立卷后及时移交总包单位。

---

❶ 中国石油天然气股份有限公司建设项目档案管理规定（石油办〔2010〕281号），第二十条。

❷ 中国石油天然气股份有限公司建设项目档案管理规定（石油办〔2010〕281号），第十四条、第十五条、第十六条。

（8）建设工程项目由几个单位承包的，各承包单位应负责收集、整理立卷其承包项目的工程文件，并应及时向建设单位移交；承包单位将部分工程分包的，承包单位应监督、指导和审查分包单位的工程资料管理工作，分包单位应将本单位形成的工程文件整理、立卷后及时移交承包单位。

（9）建设工程项目实行项目管理总承包的（PMC），建设单位可委托项目管理总承包商承担部分建设单位资料管理职责，委托范围在合同中约定。

（10）勘察、设计、施工和监理等单位应将本单位形成的工程文件立卷后向建设单位移交，合同中有规定的，经建设单位检查合格后，可直接到建设单位档案馆归档。

（11）工程资料形成单位应对资料内容的真实性、完整性和有效性负责；由多方形成的资料，应各负其责。

第二节　工作程序和要求

项目经理部从筹建开始，应按照开工管理、过程施工、试运投产、工程保修等几个阶段逐步完成编制、审签、收集、整理（发放、借阅、销毁）、立卷和归档等工程资料管理的相关工作。

一、制订资料管理工作规划

项目经理部应按照相关规定，结合项目具体情况，建立健全工程资料管理制度，明确工作目标、岗位职责、程序方法、所需资源、资料内容、评价标准、完成时限和留存套数等方面的管理要求，必要时，可编制单行本的工程资料管理方案或工程资料管理计划。

工程资料管理方案或工程资料管理计划可写入施工组织设计。

工程资料管理方案或工程资料管理计划应包括工程资料目录，内容参见表2-1。

表 2-1 工程资料管理方案(计划)目录和内容

序号	工作阶段	工作环节	一级子环节	二级子环节	资料名称	管理要求	计划份数
1	开工管理	组建项目经理部	人员配置分工	—	项目经理部授权文件	由施工企业发布,说明授权范围,格式自定	
2					项目经理任命文件	由施工企业发布,说明授权范围,格式自定	
3					项目经理部岗位设置组织机构图	与投标文件及施工合同相符	
4					项目经理部各岗位工作职责	与组织机构图相对应	
5					项目经理部管理人员名册及分工说明	与投标文件及施工合同相符	
6					项目经理部管理人员资证书及履历表等相关文件	与投标文件及施工合同相符	
7					项目经理部管理人员报审表	填写后,向监理单位报审,格式应符合监理机构的要求	
8					更换项目经理的申请文件	有必要时填写,格式自定	
9					新项目经理的任命文件		
10					新项目经理执业资格证书		
11					项目经理部管理人员考勤表		

续表

序号	工作阶段	工作环节	一级子环节	二级子环节	资料名称	管理要求	计划份数
12	开工管理	组建项目经理部	项目管理制度建立	—	项目经理部岗位设置及人员管理制度/办法		
13					项目工作目标确定及分解办法		
14					项目原始信息采集制度办法		
15					现场踏勘工作要求		
16					图纸审查工作要求		
17					文件资料管理制度		
18					施工组织设计/方案编制与审批办法		
19					工程划分办法		
20					分包商管理办法		
21					控制测量与放样测量管理办法		
22					施工暂设营地和施工区搭建及管理办法		
23					人员入场培训管理办法		
24					材料设备管理办法		
25					施工机具管理办法		
26					关键工作（工序）报审报验管理办法		

续表

序号	工作阶段	工作环节	一级子环节	二级子环节	资料名称	管理要求	计划份数
27					安全技术交底工作制度		
28					工程质量三检制度		
29					项目质量管理办法		
30					项目进度管理办法		
31					项目成本控制办法		
32	开工管理	组建项目经理部	项目管理制度建立	—	项目HSE管理办法		
33					工程信息管理办法		
34					投产验收阶段工作要求		
35					工程资料管理办法		
36					工程结算管理办法		
37					工程保修制度		
38					项目管理工作制度	一般为合订本	
39			项目原始信息整理	原始信息的收集	招标文件		
40					投标文件		
41					施工合同		
42					勘察文件	建设单位提供	

续表

序号	工作阶段	工作环节	一级子环节	二级子环节	资料名称	管理要求	计划份数
43	开工管理	组建项目经理部	项目原始信息	原始信息的收集	设计文件	建设单位提供	
44					图纸收发记录		
45					相关会议纪要	其他相关单位提供	
46					相关工作批示文件	其他相关单位提供	
47					收发文登记表		
48				掌握相关方工作要求	建设单位交底记录	建设单位提供	
49					监理单位交底记录	监理单位提供，一般称为首次监理工地会议纪要，会签生效	
50					质量安全监督单位交底记录	质量监督单位提供	
51					其他单位交底记录		
52				熟知相关文件	会议纪要	重要的会议纪要应会签	
53					法律法规清单	与工程有关的法律法规应列入清单	
54					标准规范及登记表	与工程有关的标准规范应齐全，且登记人表	
55					作业规程	应包含工地所有种类的作业要求	
56					项目管理手册	建设单位提供	
57					作业许可规定	建设单位（生产单位）提供	
58					施工日志		

续表

序号	工作阶段	工作环节	一级子环节	二级子环节	资料名称	管理要求	计划份数
59	开工管理	组建项目经理部	项目工作目标	—	会议记录		
60					会议纪要		
61					施工日志		
62					项目经理部文件	格式自定	
63		勘察现场	—	—	交接桩记录		
64					现场勘察记录	可采用施工日志记录	
65		设计交底和图纸会审	—	—	设计交底会议纪要	设计单位提供	
66					图纸会审纪要	建设单位提供	
67					图纸内部会审记录		
68					图纸会审记录	施工单位办理，各方会签	
69		编制策划性文件	施工组织设计/方案的编制与审批	—	施工组织设计/方案报审表	填写完整，向监理单位报审，格式应符合监理机构的要求	
70					施工组织设计/方案		
71					工程概况信息表	可作为施工组织设计的组成部分	
72			质量计划的编制与审批	—	质量计划		
73					工程划分表	可作为施工组织设计或质量计划的组成部分	
74					创优计划		
75					两书一表/HSE 例卷		

续表

序号	工作阶段	工作环节	一级子环节	二级子环节	资料名称	管理要求	计划份数
76	开工管理	开工条件准备	各项计划上报	—	××计划		
77			搭建暂设营地、建设施工区	—	施工暂设营地平面布置图		
78					施工区平面布置图		
79					暂设营地与施工区验收记录		
80			人员准备	—	特种作业人员登记表		
81					特种作业人员资格证书		
82					不可替换人员名册		
83					培训记录		
84					应急演练记录		
85					工作交底记录		
86					业务技能考核/考试检验记录		
87					业务技能考核/考试检验记录		
88					施工人员报审记录	填写后,向监理单位报审,格式应符合监理机构的要求	
89			材料、设备准备	—	材料、设备管理工作台账		
90					材料设备质量证明文件		
91					原材料见证取样单		
92					材料设备二次试化验记录		
93					材料设备报验记录	填写后,向监理单位报审,格式应符合监理机构的要求	

续表

序号	工作阶段	工作环节	一级子环节	二级子环节	资料名称	管理要求	计划份数
94	开工管理	开工条件准备	施工机具准备	一	施工机具管理工作台账		
95					施工机具质量证明文件		
96					施工机具二次试化验记录		
97					施工机具安全许可验收手续		
98					施工机具报审报验记录	填写后,向监理单位报审,格式应符合监理机构的要求	
99				交接桩和控制测量	工程控制测量记录		
100					施工控制测量成果报验表	填写后,向监理单位报审,格式应符合监理机构的要求	
101			其他生产准备	分包	分包单位资格报审表	填写后,向监理单位报审,格式应符合监理机构的要求	
102					分包商名单	施工合同有要求时,报建设单位	
103				施工单位自有试验室或自行委托的试验室资质	试验室资质报审表	填写后,向监理单位报审,格式应符合监理机构的要求	
104					试验室的资质等级及试验范围		
105					法定计量部门对试验设备出具的计量检定证明		
106					试验室管理制度		
107					试验人员资格证书		

续表

序号	工作阶段	工作环节	一级子环节	二级子环节	资料名称	管理要求	计划份数
108	开工管理	开工条件准备	开工报审	—	施工现场质量管理检查记录	填写后,向监理单位报审,格式应符合监理机构的要求监理单位提供	
109					开工报告		
110					开工报审表		
111					开工令		
112	过程施工管理	过程施工准备	施工方案的编制和审批	—	施工方案		
113			施工交底	—	(安全)技术交底记录		
114			办理作业许可手续	—	作业许可证明文件		
115			其他施工准备	—	放样测量记录		
116		实体施工	实体施工的一般要求	—	收发文记录		
117					会议记录		
118					各种工程资料		
119					日报/周报/月报/年报		
120					工序交接记录		

续表

序号	工作阶段	工作环节	一级子环节	二级子环节	资料名称	管理要求	计划份数
121	过程施工管理	实体施工	实体施工的一般要求	—	隐蔽工程验收记录		
122					分项工程质量验收记录		
123					分部工程质量验收记录		
124					单位工程质量验收记录		
125					单位工程质量控制资料核查记录		
126					分部工程质量报验表	填写后，向监理单位报审，格式应符合监理单位的要求	
127					单位工程质量报验表	填写后，向监理单位报审，格式应符合监理单位的要求	
128					检验/试验记录		
129					单位工程质量交工验收申请报告		
130					停监点、必监点申报台账		
131					质量事故相关资料		
132					分包合同		
133		成本管理	工程款支付	—	工程款支付申请	填写后，向监理机构报审，格式应符合监理机构的要求	
134					工程量计量记录（工程量认证单）		
135					工程款支付证书		

续表

序号	工作阶段	工作环节	一级子环节	二级子环节	资料名称	管理要求	计划份数
136	过程施工管理	成本管理	设计变更	—	设计变更单		
137			设计联络和材料代用	—	设计联络单		
138					材料代用审批单		
139			现场技术经济签证管理	—	经济签证		
140					工程预算书		
141					费用索赔报审表	填写后,向监理单位报审,格式应符合监理机构的要求	
142			工程量认证	—	工程量认证单		
143		进度控制	—	—	施工进度计划		
144					施工进度计划报审表	填写后,向监理单位报审,格式应符合监理机构的要求	
145					工程临时/最终延期报审表	填写后,向监理单位报审,格式应符合监理机构的要求	
146		HSE控制	—	—	HSE检查记录		
147					承包商互相签订的安全生产(HSE)合同		
148					总承包商与分包单位签订的安全生产(HSE)合同(建设单位承包单位及分包单位安全资质备案)		
149					安全教育培训计划		
150					应急预案		

58

续表

序号	工作阶段	工作环节	一级子环节	二级子环节	资料名称	管理要求	计划份数
151	过程施工管理	HSE控制	—	—	现场人员职业健康证明和安全生产责任险		
152			—	—	上锁挂牌计划表	报建设单位（生产单位）	
153			—	—	HSE事故报告		
154		单机试车	—	—	单机试车记录		
155			—	—	中间交接证书		
156		系统调试	—	—	系统调试记录		
157		中间(完工)交接	—	—	中间（完工）交接证书		
158			—	—	工程尾项协议书		
159	试运及投产管理	联动试运	—	—	联动试运合格证书		
160		交工验收	—	—	交工验收证书		
161			—	—	工程质量保修书	报建设单位	
162		竣工报审	—	—	工程竣工报告		
163			—	—	尾项工程验收单		
164			—	—	施工总结		
165		投料试生产	—	—	值班记录	格式自定	
166		工程结算	—	—	工程结算书		
167		工程资料移交/归档	—	—	交工技术档案移交证书		
168			—	—	归档电子文件移交、接受检验登记表		
169	工程保修	—	—	—	保修和回访工作记录		

在施工过程中，项目经理部应逐步完善表2-1内容。

除本手册中的要求外，工程资料管理还应符合《油气田地面建设工程（项目）资料管理》的规定。

二、资料管理工作准备

1. 配置人员

项目经理部应按照工程资料管理制度或工程资料管理方案以及其他相关要求，设置工程资料管理岗位，有条件的，应配备专职人员。

工程资料管理人员应经过工程文件归档整理的专业培训❶。

2. 配置资源

项目经理部应按照工程资料管理制度或工程资料管理方案以及其他相关要求，配置计算机、打印机、扫描仪、复印机、照相机、摄像机、互联网设施、文件柜和应用软件等资源。

3. 其他准备

项目经理部应组织工程资料管理工作岗前内部培训或工作交底，说明工程资料管理工作的内容、职责、目标、程序和要求等。

项目经理部应及时了解建设单位的工程资料管理工作要求。

三、工程资料管理工作实施

1. 内部文件编制

（1）项目经理部成员应根据相关文件规定，履行工作职责，按时、如实记录本岗位工作实施情况，起草相关的报批文件，形成工程资料。

（2）专岗负责整理、编制工程资料的人员，应严格遵循原始记录。

---

❶ GB 50328—2014《建设工程文件归档规范》，第3.0.8条。

(3) 工程资料的内容应填写齐全,有标准格式要求的,应采用标准格式,没有标准格式要求的,项目经理部应规定统一的格式。

(4) 项目经理部应制订统一的工程资料编号规则。工程资料编号应具有唯一性,且应遵循易懂、易用的原则,便于计算机管理,实现资料与工程实体、资料与工作过程之间双向追溯的功能。

2. 审签

(1) 项目经理部成员应按照岗位职责要求,审核签认来自内外部的文件。

(2) 需要向其他部门或单位报批的文件,应及时办理审签手续。

(3) 审签人应根据岗位职责及相关规定,按时审核工程资料的格式和内容,无误后,签名确认,规定加盖机构公章的,应加盖机构公章。

(4) 不得越权审签,需要代签的,应有合法的委托授权,无合法委托的代签资料,视为无效。

(5) 审签时需要签署意见的,意见应明确,如"同意/不同意、合格/不合格、符合要求/不符合要求"等。

(6) 进入档案的工程资料不得随意修改,需要修改时,应首选销毁原稿重新编制并履行审签手续;必须在原稿上修改的,应进行划改,划改方式应符合《油气田地面建设工程资料管理》和股份公司档案管理相关文件的要求。

3. 收集

(1) 资料管理岗位人员负责工程资料收集工作,其中项目合同实行统一管理,并明确专人负责❶。内部文件编制、审签

---

❶ 中国石油天然气股份有限公司工程建设项目管理办法(石油计〔2014〕68号),第五十三条,项目合同实行统一管理,并明确专人负责。

完成后，应及时移交给资料管理岗位人员；其他岗位人员如有需要，可通过借阅、复印等方式获取相关信息。来自外部的文件，统一由资料管理岗位人员接收登记，然后通知项目经理或其授权人员按相关规定进一步处置。

（2）应建立文件接收台账；需要进一步处置的文件，应附文件处理单跟踪处置情况，文件处理单应与相应的文件一起保存。

（3）有存档要求的工程资料应为原件；当为复印件时，提供单位应在复印件上加盖单位印章并注明原件存放处，并应有经办人签字及日期。提供单位应对资料的真实性负责。

（4）提供工程资料的人员，应同时提供电子版，没有电子版的，由资料管理岗位人员在第一时间制成电子版。

（5）由建设单位负责归档的项目，施工单位或项目总承包单位应按照立卷、归档的要求，整理、立卷后，向建设单位移交。

4. 整理

（1）资料管理岗位人员负责工程资料整理工作。

（2）临时保存资料的房间、档案柜和存储设备等硬件环境应满足档案安全的需要。

（3）纸版工程资料整理应遵循便于追溯的原则，分类、组合、排列和编目应科学合理，符合股份公司的相关规定，推荐按照本手册工程资料目录划分的类别、次序进行整理，建立目录，及时更新。

（4）电子版文档整理时，分类、组合、排列和编目等应与纸版文档整理保持一致。

（5）应建立文件发放台账，接收文件的人员应签字确认。

（6）文件借阅和归还应有记录。

（7）应注重对文件原件的保护，防止损毁；需要借阅、复印的，优先考虑提供电子版的方案。

（8）不属于归档范围、没有保存价值的工程文件，文件形成单位可自行组织销毁。纸版文件需要销毁的，应经过主管人员批准，并保留销毁文件目录。

（9）有保密要求的文件处置，应符合保密工作要求。

（10）竣工验收前，建设单位应组织完成竣工文件的专项整理工作。竣工文件主要由勘察设计、施工、监理、无损检测、生产和建设单位按统一要求，分别进行整理汇编，主要包括建设项目的可行性研究、任务书，勘察设计文件，项目管理文件，施工文件，监理文件，无损检测文件，工艺设备文件，涉外文件，消防文件，生产技术准备、试生产，财务，器材管理，竣工验收文件等内容❶。涉及施工资料的，施工单位应全力配合，具体要求应符合《油气田地面建设工程竣工验收手册》的规定。

5. 立卷

（1）资料管理岗位人员负责工程资料立卷工作。

（2）立卷工作可根据工程资料的收集、整理进度及早进行。

（3）立卷流程、原则和方法❷。

①立卷应按下列流程进行：

a. 对属于归档范围的工程文件进行分类，确定归入案卷的文件材料；

b. 对卷内文件材料进行排列、编目、装订（或装盒）；

c. 排列所有案卷，形成案卷目录。

②立卷应遵循下列原则：

a. 立卷应遵循工程文件的自然形成规律和工程专业的特点，保持卷内文件的有机联系，便于档案的保管和利用；

---

❶ 《油气田地面建设工程竣工验收手册》第二章，第一节，第5条。

❷ GB 50328—2017《建设工程文件归档规范》，第5.1条。

b. 工程文件应按不同的形成、整理单位及建设程序，按工程准备阶段文件、监理文件、施工文件、竣工阁、竣工验收文件分别进行立卷，并可根据数量多少组成一卷或多卷；

c. 一项建设工程由多个单位工程组成时，工程文件应按单位工程立卷；

d. 不同载体的文件应分别立卷。

③立卷应采用下列方法：

a. 工程准备阶段文件应按建设程序、形成单位等进行立卷；

b. 监理文件应按单位工程、分部工程或专业、阶段等进行立卷；

c. 施工文件应按单位工程、分部（分项）工程进行立卷；

d. 竣工图应按单位工程分专业进行立卷；

e. 竣工验收文件应按单位工程分专业进行立卷；

f. 电子文件立卷时，每个工程（项目）应建立多级文件夹，应与纸质文件在案卷设置上一致，并应建立相应的标识关系；

g. 声像资料应按建设工程各阶段立卷，重大事件及重要活动的声像资料应按专题立卷，声像档案与纸质档案应建立相应的标识关系。

④案卷不宜过厚，文字材料卷厚度不宜超过20mm，图纸卷厚度不宜超过50mm。

⑤案卷内不应有重份文件；印刷成册的工程文件宜保持原状。

⑥建设工程电子文件的组织和排序可按纸质文件进行。

（4）卷内文件排列。

①卷内文件应按 GB 50328—2014《建设工程文件归档规范》附录给出的类别和顺序排列。

②文字材料应按事项、专业顺序排列。同一事项的请示与

批复、同一文件的印本与定稿、主体与附件不应分开，并应按批复在前、请示在后，印本在前、定稿在后，主体在前、附件在后的顺序排列。

（5）案卷编目、装订和目录编制等工作，应符合建设工程文件归档规范和股份公司相关文件的规定。

6. 归档

项目文件归档一般一式一份（其中项目竣工文件一般一式两份），声像文件一般一式两份，电子文件一般一式三份。有合同要求的除外❶。

（1）归档范围。

①工程文件的具体归档范围应符合建设工程文件归档规范和股份公司相关文件的要求。

②声像资料的归档范围和质量要求应符合现行行业标准CJJ/T 158《城建档案业务管理规范》的要求。

（2）归档文件质量要求。

①归档的纸质工程文件应为原件。

②工程文件的内容及其深度应符合国家现行有关工程勘察、设计、施工和监理等标准的规定。

③工程文件的内容必须真实、准确，应与工程实际相符合。

④工程文件应采用碳索墨水或蓝黑墨水等耐久性强的书写材料，不得使用红色墨水、纯蓝墨水、圆珠笔、复写纸或铅笔等易褪色的书写材料。计算机输出文字和图件应使用激光打印机，不应使用色带式打印机、水性墨打印机或热敏打印机。

⑤工程文件应字迹清楚、图样清晰、图表整洁，签字盖章手续应完备。

⑥工程文件中文字材料幅面尺寸规格宜为 A4 幅面；图纸

---

❶ 中国石油天然气股份有限公司建设项目档案管理规定（石油办〔2010〕281号），第二十四条。

宜采用国家标准图幅。

⑦工程文件的纸张应采用能长期保存的韧力大、耐久性强的纸张。

⑧归档的建设工程电子文件应采用开放式文件格式或通用格式进行存储；专用软件产生的非通用格式的电子文件应转换成通用格式。

⑨归档的建设工程电子文件应包含元数据，保证文件的完整性和有效性。元数据应符合现行行业标准CJJ/T 187《建设电子档案元数据标准》的规定。

⑩归档的建设工程电子文件应采用电子签名等手段，所载内容应真实和可靠。

⑪电子文件归档应包括在线式归档和离线式归档两种方式；可根据实际情况选择其中一种或两种方式进行归档。

⑫归档的建设工程电子文件的内容必须与其纸质档案一致。

⑬离线归档的建设工程电子档案载体，应采用一次性写入光盘；光盘不应有磨损、划伤。

⑭存储移交电子档案的载体应经过检测，应无病毒、无数据读写故障，并应确保接收方能通过适当设备读出数据。

（3）归档时间应符合下列规定：

①根据建设程序和工程特点，归档可分阶段分期进行，也可在单位或分部工程通过竣工验收后进行。

②勘察和设计单位应在任务完成后，施工和监理单位应在工程竣工验收前，将各自形成的有关工程档案向建设单位归档。

（4）勘察、设计和施工单位在收齐工程文件并整理立卷后，建设单位和监理单位应根据城建档案管理机构的要求，对归档文件完整、准确、系统情况和案卷质量进行审查；审查合格后方可向建设单位移交。

（5）工程档案的编制不得少于两套，一套应由建设单位保管，另一套（原件）应移交当地城建档案管理机构保存。

（6）勘察、设计、施工和监理等单位向建设单位移交档案时，应编制移交清单，双方签字、盖章后方可交接。

（7）工程档案验收与移交。

①项目档案验收前，项目建设单位应组织项目设计、施工和监理等方面负责人及有关人员，根据档案工作的相关要求，依照《股份公司建设项目文件归档范围和保管期限表》和《建设项目档案验收内容及要求》进行全面自检，并形成项目档案自检报告。

②项目档案验收应在项目竣工验收3个月之前完成❶。

③停建、缓建建设工程的档案，可暂由建设单位保管。

④对改建、扩建和维修工程，建设单位应组织设计、施工单位对改变部位据实编制新的工程档案，并应在工程竣工验收后3个月内向城建档案管理机构移交。

⑤向档案管理机构移交工程档案时，应提交移交案卷目录，办理移交手续，双方签字、盖章后方可交接。

四、资料管理工作的监督检查

建设单位应定期或不定期组织检查其他参建单位工程资料管理工作，其他参建单位应予配合。

项目总承包商应定期或不定期组织检查各分包商工程资料管理工作，各分包商应予配合。

施工总承包商应定期或不定期组织检查各分包单位工程资料管理工作，各分包单位应予配合。

各参建单位项目经理部技术负责人应定期组织检查、指导其他成员的工程资料管理工作，必要时应组织培训或重新交底。

对工程资料的监督检查情况应形成专题报告或写入项目月报。

---

❶ 中国石油天然气股份有限公司建设项目档案管理规定（石油办〔2010〕281号），第二十九条、第三十条、第三十一条、第三十二条。

资料管理工作的检查要求见表 2-2。

表 2-2 资料管理工作的检查要求

序号	检查要点	检查标准
1	人员配置情况	设立资料管理岗，配置管理人员，有专职要求的，应配专职人员
2	资源配置情况	计算机、复印机、档案柜、网络设备等设施应齐全
3	资料管理方案	内容完整，有交底或培训记录，独立成册的，审批手续应齐全
4	其他准备情况	（1）有资料管理总目录； （2）各项台账、登记表齐全
5	资料质量	（1）种类、数量与工程进展相符； （2）资料内容真实、准确，符合专业要求； （3）审签手续完整，符合程序规定； （4）需要流转的，能够及时发放； （5）接收自外单位的，能够准确登记； （6）编码科学，便于追溯； （7）分类、分卷合理，方便查找； （8）能够满足立卷和归档的需要； （9）符合本章的其他管理要求

五、资料管理的收尾

（1）档案交接文据及企业档案目录由项目经理部负责存档。

（2）项目经理部应总结工程资料管理工作的经验，统计工程资料管理过程中出现的问题，分析原因，确定改进措施，为其他项目提供经验数据。

法律法规、参考文献及相关规定

一、法律法规

1. 《中华人民共和国建筑法》（中华人民共和国主席令第 46 号）
2. 《中华人民共和国合同法》（中华人民共和国主席令第 15 号）
3. 《中华人民共和国安全生产法》（中华人民共和国主席令第 13 号）
4. 《中华人民共和国环境保护法》（中华人民共和国主席令第9号）
5. 《建设工程质量管理条例》（中华人民共和国国务院令第 279 号）
6. 《建设工程安全生产管理条例》（中华人民共和国国务院令第 393 号）

二、参考文献

[1] GB 50326 建设工程项目管理规范 [S].
[2] GB 50502 建设施工组织设计规范 [S].
[3] SY 4200 石油天然气建设工程施工质量验收规范 通则 [S].
[4] 汤林，等．油气田地面建设工程（项目）资料管理 [M]．北京：石油工业出版社，2015.

三、相关规定

1. 《中国石油天然气股份有限公司工程建设项目管理办法》（石油计〔2014〕68 号）
2. 《中国石油天然气股份有限公司承包商安全监督管理办法》（石油安〔2013〕318 号）
3. 《中国石油天然气股份有限公司工程建设项目质量管理规定》（石油质〔2012〕219 号）
4. 《中国石油天然气股份有限公司油气田地面建设工程项目开工报告管理规定》（油勘函〔2010〕225 号）

5. 《中国石油勘探与生产分公司作业许可管理规定》(油勘〔2014〕217号)
6. 《油气田地面建设工程(项目)竣工验收手册》(油勘函〔2010〕228号)
7. 《中国石油天然气股份有限公司勘探与生产分公司质量管理规定》(试行)的通知(油勘〔2009〕163号)
8. 《中国石油天然气股份有限公司承包商安全监督管理办法》(石油安〔2013〕318号)
9. 《中国石油天然气股份有限公司勘探与生产分公司承包商健康安全环境管理规定》(油勘〔2014〕159号)
10. 《中国石油天然气股份有限公司生产安全事故管理办法》(石油安〔2008〕2号)